les AniMaux!

动物们

[法]弗朗索瓦丝·洛朗 /著　[荷]卡普辛·马泽尔 /绘

姜莹莹 /译

上海文化出版社

好鼠吃好粮

巢鼠的个头超级小，
在欧洲，它们是最小的啮齿动物。
没错，它们把家安在了它们的粮库里！
各种谷粒就是它们的食物。

蹦！蹦！蹦！
巢鼠的尾巴可以紧紧地缠绕在植物上，
有了尾巴帮忙，爬上麦穗真是太容易啦！

瞧，这只巢鼠发现了什么？
一只蚂蚱，一颗鲜嫩多汁的浆果，
还是一只美丽的蝴蝶？
这些都是巢鼠喜爱的食物呢！
吧唧吧唧！真好吃！

咦？巢鼠妈妈出现在巢穴口啦！
巢鼠夫妇和孩子们就住在这个
用叶子和茎杆编织成的球形巢穴里，
真是又舒适又安全。

在欧洲，每年5～10月，巢鼠夫妇可以产下3窝幼仔。
巢鼠宝宝长得可快啦！
刚出生15天，宝宝们就可以独立行动了，
在这个时候，巢鼠妈妈会离开它们，去筑造新的巢穴。
而小巢鼠们也会出发，去寻找属于自己的领地！

巢鼠
Eurasian harvest mouse

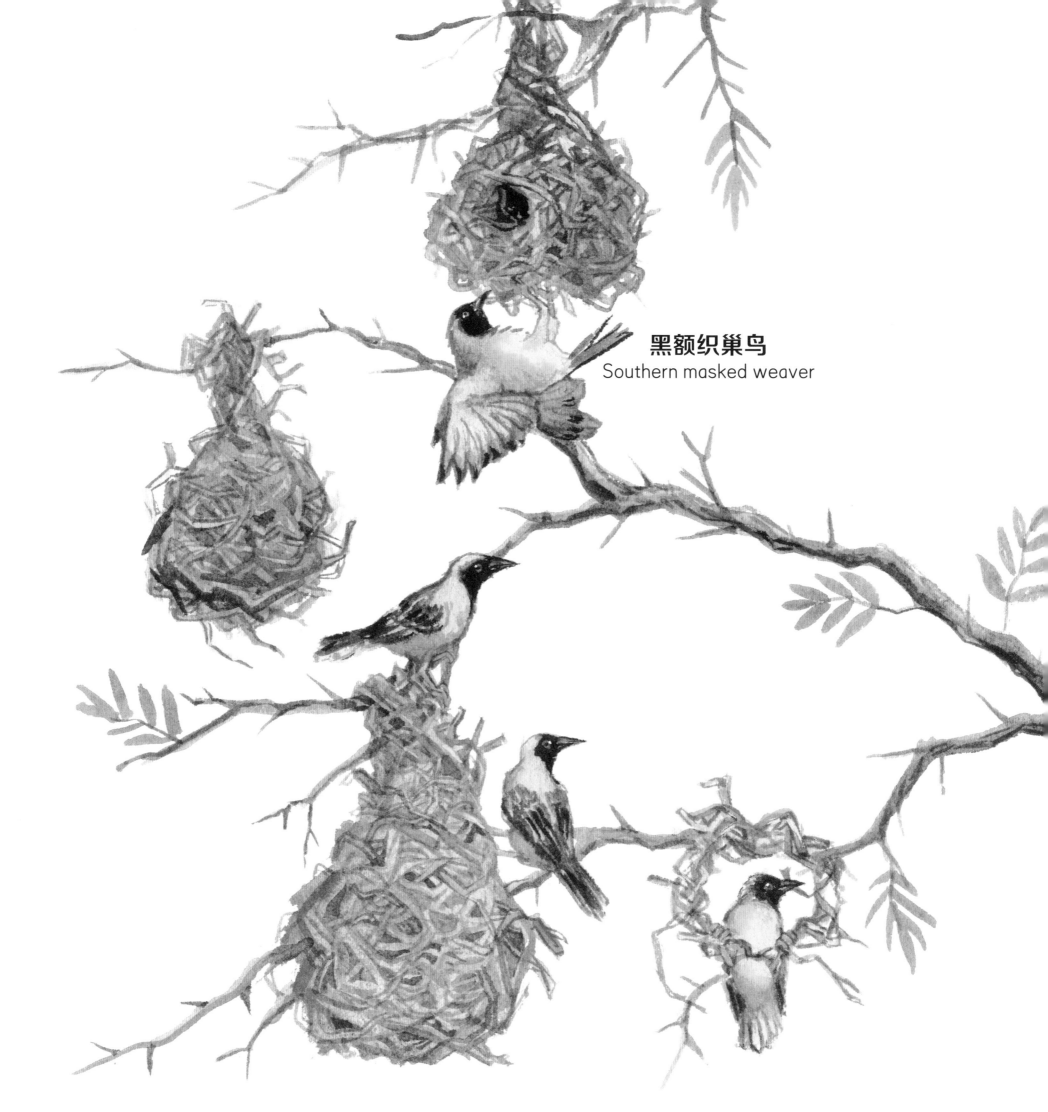

黑额织巢鸟
Southern masked weaver

天才筑巢师

谁才是纺织界的冠军呢？
一定是这种生活在非洲的织巢鸟啦！

它们实行一夫多妻制，像麻雀一样过着群居生活。
在建造巢穴这件事上，织巢鸟可真是天赋异禀呢！
它们把叶子撕成细条，缠绕在树枝上，
上上下下，编织成型。
这个巢结实吗？
当然了，它们打了十几种不同的结哪！

白天，织巢鸟都在安静地休息。
晚上一到，它们就聚在一起，
叽叽喳喳，叽叽喳喳……
可真热闹，每只鸟都扯开嗓门大声叫着。

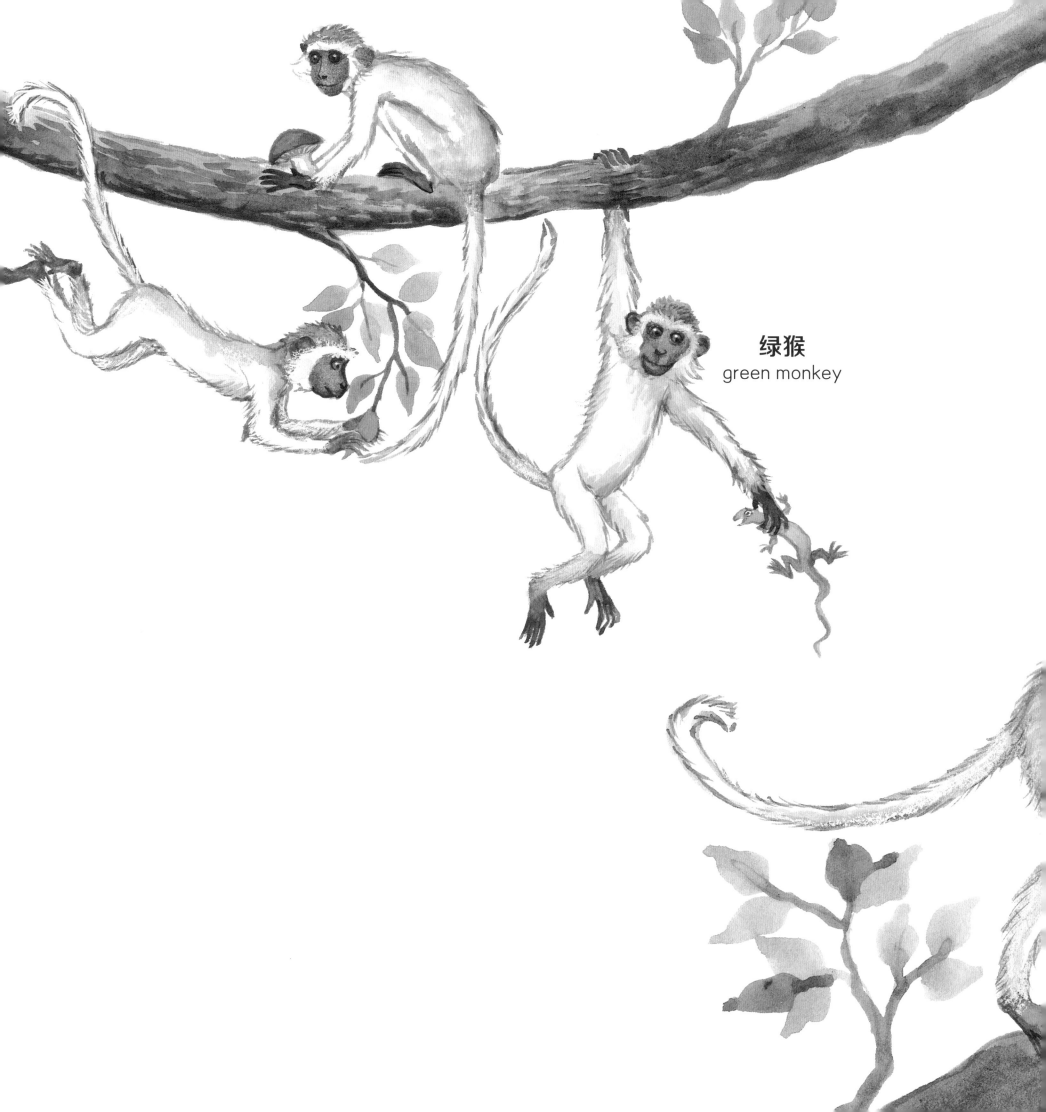

绿猴
green monkey

空中大盗

嗖！噌！砰！
在非洲的公园里，这些调皮的绿猴可不会老老实实地待着，
它们的胆子可大得很，甚至会偷吃游客的野餐！

从早到晚，它们都在不停地玩耍，斗嘴，还会把自己倒挂起来……
那，绿猴总是这样乐呵呵又闹哄哄的吗？

才不是，
绿猴也有着等级分明的秩序呢！
吃饭的时候，或是洗脸的时候，
它们都会乖乖地排队，年纪最大的先来！

长颈鹿
giraffe

獾㹢狓 (huò jiā pí)
okapi

男朋友，女朋友

这只獾㹢狓正和它那长脖子的女朋友一起悠闲地吃早餐。
嘎吱嘎吱，它们大口大口地嚼着叶子，
一个吃高处的，一个吃低处的。

瞧，獾㹢狓的样子可真有趣！
它们长着长颈鹿的头，马的身体，斑马的蹄子，
它们是马科动物吗？

才不是，獾㹢狓可是长颈鹿科的动物呢！
和它们的亲戚长颈鹿一样，
獾㹢狓也有长长的舌头，
就连走路也会"同手同脚"：
两只左脚一起向前迈，
然后两只右脚一起向前迈！

不过，和喜欢群居的长颈鹿不一样，獾㹢狓可是个独居者。
只有在繁殖的季节，雄性和雌性才会成双入对地出现呢！

填饱肚子，真是个大问题

一只金钱豹正趴在旁边这棵大树上，它可累坏了。
填饱肚子可不是件简单的事：
首先，它要悄悄地接近猎物，
可能是一只小羚羊，也可能是一只小长颈鹿，
然后突然起跑，飞速地追赶，再纵身一跃，扑上去……

不过，就算捉住了猎物，也还不算大功告成。
攀爬高手金钱豹还要把猎物拖到高处的树杈上去，
这样的话，其他动物就不会爬上来抢食物了。
哼哧！哼哧！猎物可能比它自己还重呢！
金钱豹终于可以放心地饱餐一顿啦！

吃饱喝足，它需要安静地消化一下，
不过还是要时刻警惕入侵者，
这只大猫可不愿意分享它的大餐，
就连吃剩下的食物也不行呢！

金钱豹
leopard

大蛇出洞！

没有用来追赶猎物的腿，
也没有能抓住猎物的爪子，
更没有可以撕咬猎物的尖牙……
可红尾蚺的的确确是一位可怕的猎手，
它们独自住在大树上，打猎的时候会爬下来，
鬣（liè）蜥、蜥蜴、鸟，甚至一些小型的哺乳动物都是它们的盘中餐。

猎物出现了？
稍做调整，突然出击，咬住它！
有的时候，猎物的个头比红尾蚺还要大很多！
那么，红尾蚺怎么才能把嘴张得那么大呀？

红尾蚺（rán）
boa constrictor

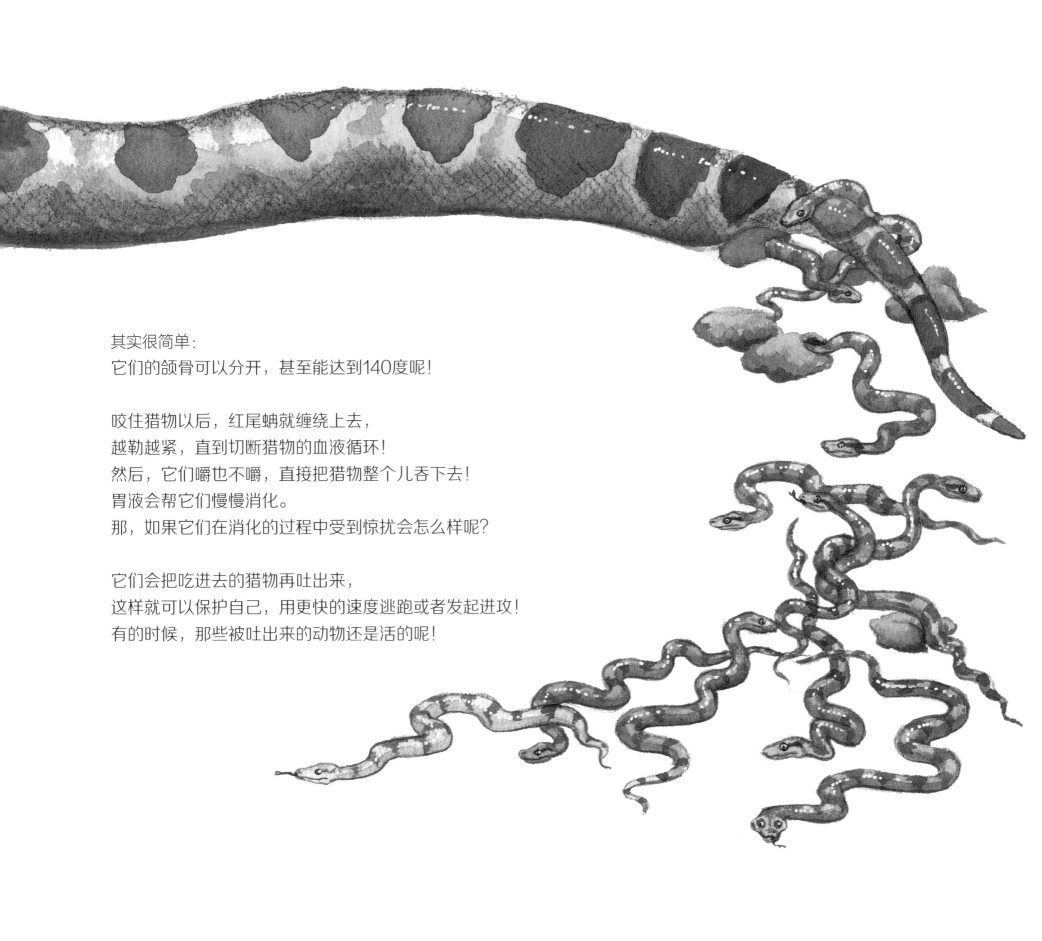

其实很简单：
它们的颌骨可以分开，甚至能达到140度呢！

咬住猎物以后，红尾蚺就缠绕上去，
越勒越紧，直到切断猎物的血液循环！
然后，它们嚼也不嚼，直接把猎物整个儿吞下去！
胃液会帮它们慢慢消化。
那，如果它们在消化的过程中受到惊扰会怎么样呢？

它们会把吃进去的猎物再吐出来，
这样就可以保护自己，用更快的速度逃跑或者发起进攻！
有的时候，那些被吐出来的动物还是活的呢！

变色龙
chameleon

什么颜色我都有

两只眼睛向外突起，独立转动，互不干扰，
一条黏糊糊的舌头，自由伸缩，
每只手有两组手指，每只脚有两组脚趾……

这个又会爬树又会变色的奇怪的爬行动物
可不就是变色龙嘛！
它们为什么要变换颜色呀？

如果遇到危险，它们可以把自己隐藏起来。
不仅如此，改变身体的颜色还可以帮助变色龙相互沟通呢！

激动的时候，它们的颜色会变得鲜艳，
害怕的时候，它们的颜色会变得深一些，
平静的时候，它们又会变成绿色，
要是想吸引雌性变色龙或是威胁其他雄性，
它们还会变成红色的呢！

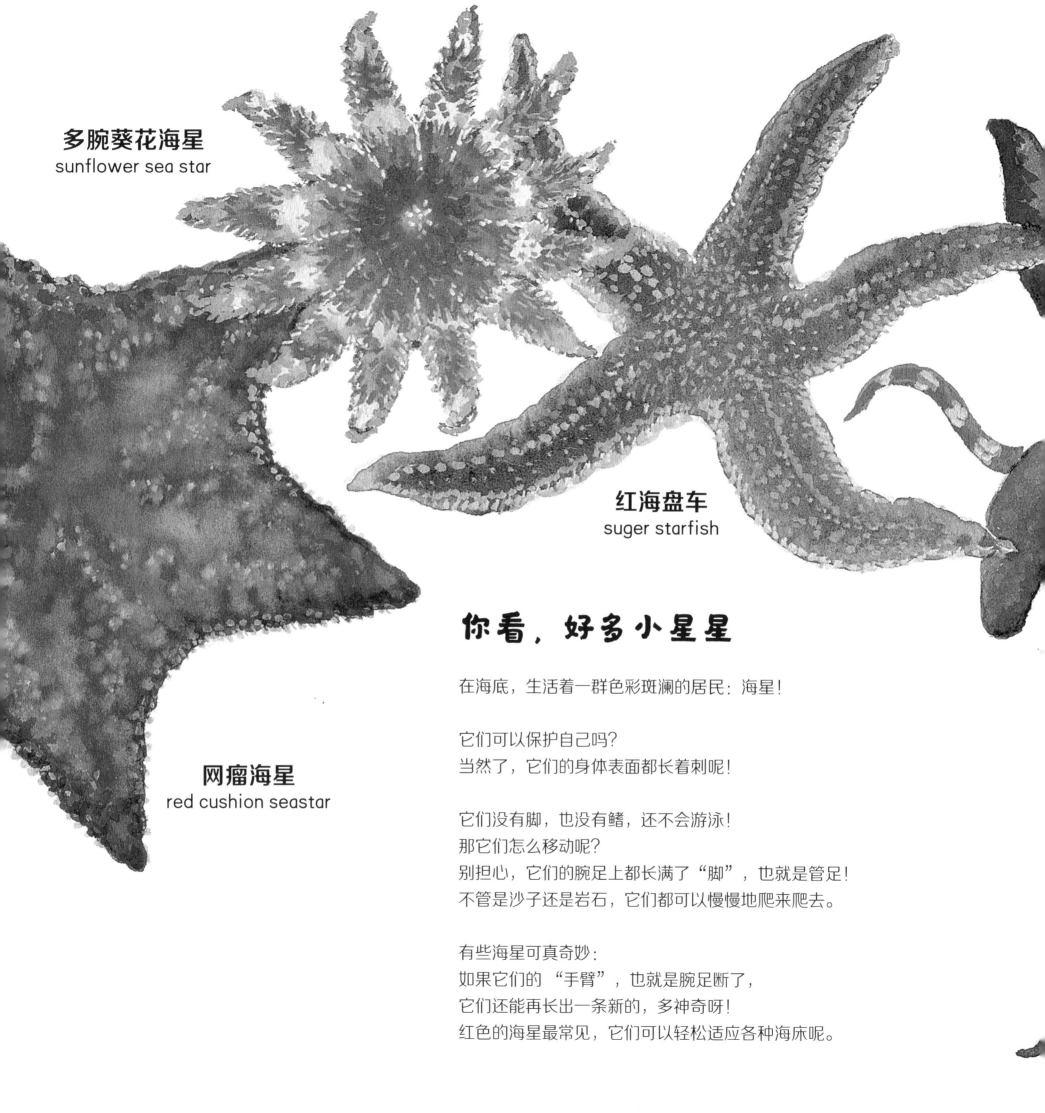

多腕葵花海星
sunflower sea star

红海盘车
suger starfish

网瘤海星
red cushion seastar

你看，好多小星星

在海底，生活着一群色彩斑斓的居民：海星！

它们可以保护自己吗？
当然了，它们的身体表面都长着刺呢！

它们没有脚，也没有鳍，还不会游泳！
那它们怎么移动呢？
别担心，它们的腕足上都长满了"脚"，也就是管足！
不管是沙子还是岩石，它们都可以慢慢地爬来爬去。

有些海星可真奇妙：
如果它们的 "手臂"，也就是腕足断了，
它们还能再长出一条新的，多神奇呀！
红色的海星最常见，它们可以轻松适应各种海床呢。

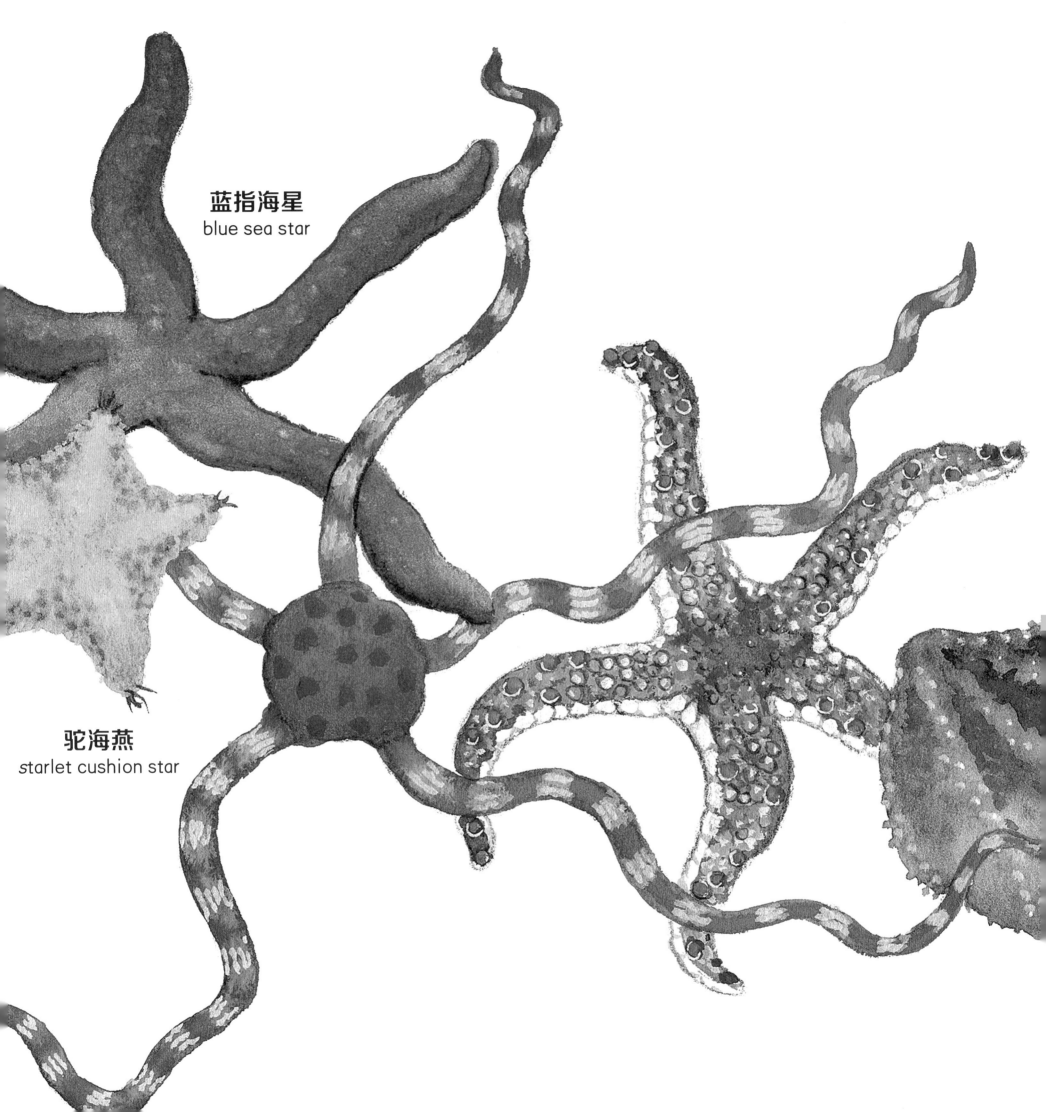

蓝指海星
blue sea star

驼海燕
starlet cushion star

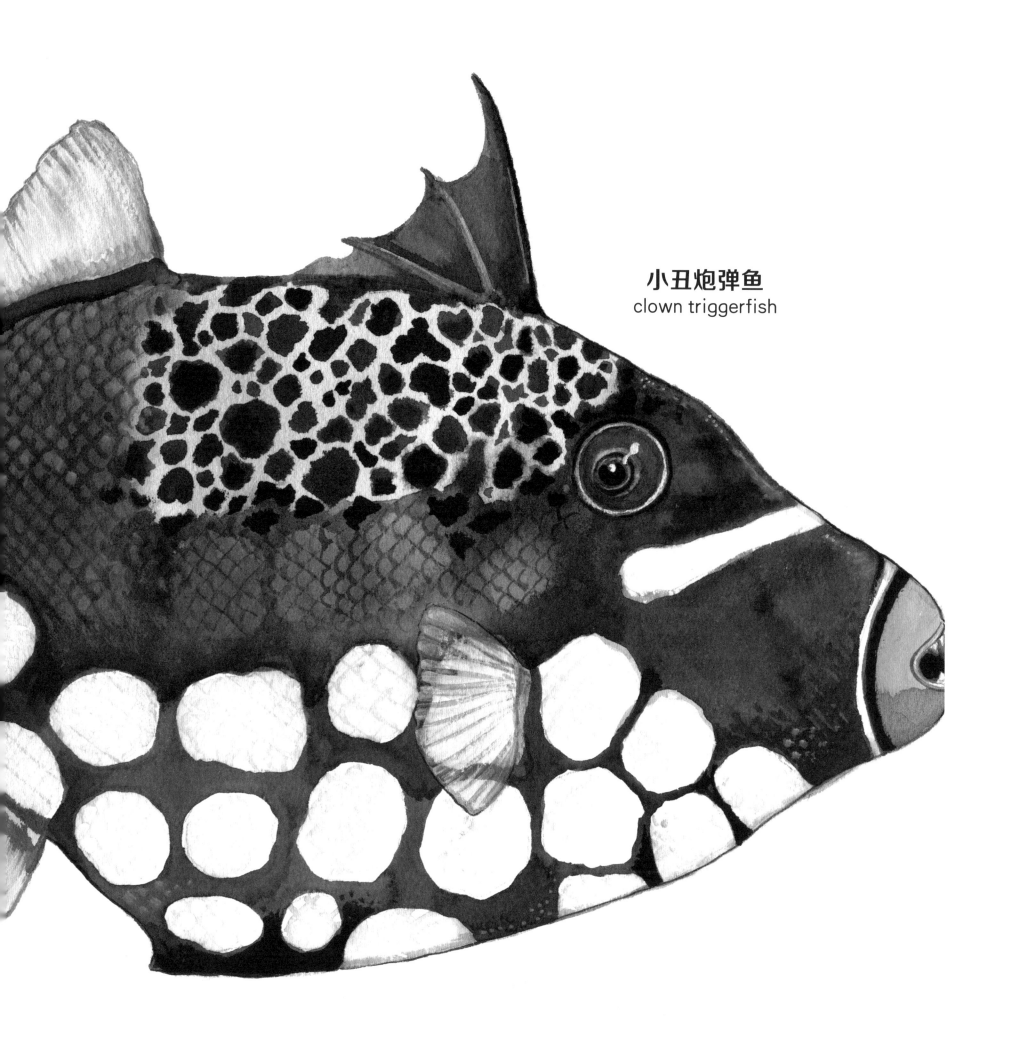

小丑炮弹鱼
clown triggerfish

当心，此鱼凶猛！

看，花斑拟鳞鲀（tún）的样子可真滑稽！
长圆筒形的身体，像个炮弹一样，
大大的黄色嘴唇，带有夸张的斑纹，
它们的身上还布满了斑点，
看起来就像一个小丑，
它们还有个名字——小丑炮弹鱼！

不过它们的性格可不像小丑那样有趣！
它们孤僻、凶猛又好战，它们的领地里容不下同类！
遇到攻击或是发生冲突的时候，
它们的背鳍就会竖起来，
它们背鳍中的鳍刺非常锋利，
我们最好别去摸！

生活在野外的小丑炮弹鱼，体长可达50厘米，
它们主要生活在印度洋的珊瑚礁地带。
它们是一种食肉动物，长着锋利的牙齿，
咬碎海胆、贝壳或是海星，简直是小事一桩！

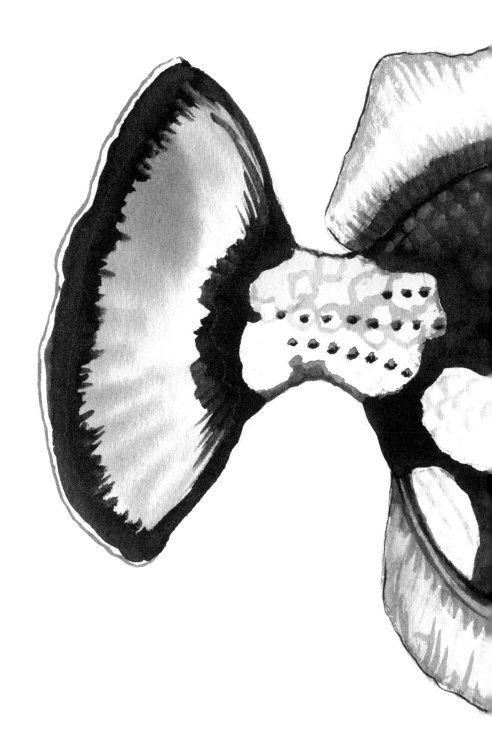

领航鱼
pilot fish

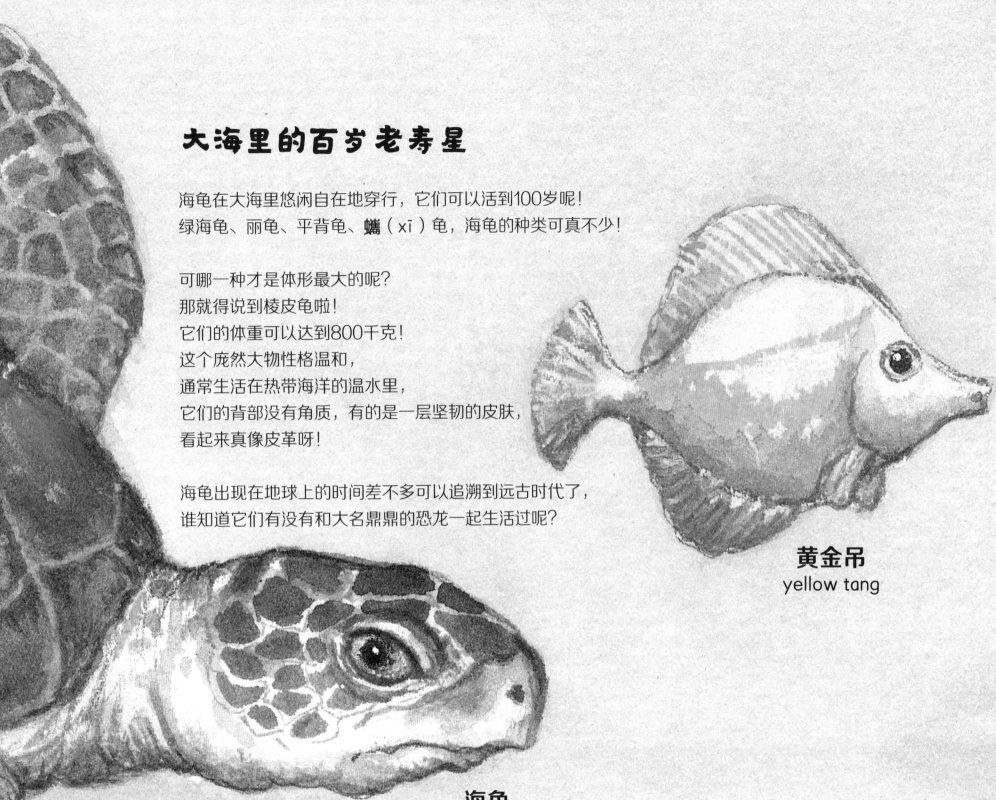

大海里的百岁老寿星

海龟在大海里悠闲自在地穿行，它们可以活到100岁呢！
绿海龟、丽龟、平背龟、蠵（xī）龟，海龟的种类可真不少！

可哪一种才是体形最大的呢？
那就得说到棱皮龟啦！
它们的体重可以达到800千克！
这个庞然大物性格温和，
通常生活在热带海洋的温水里，
它们的背部没有角质，有的是一层坚韧的皮肤，
看起来真像皮革呀！

海龟出现在地球上的时间差不多可以追溯到远古时代了，
谁知道它们有没有和大名鼎鼎的恐龙一起生活过呢？

黄金吊
yellow tang

海龟
sea turtle

金眼吊
kole yellow eye tang

魔鬼鱼
giant oceanic manta ray

魔鬼也温柔

哦，天啊，这是鱼吗，还是鸟呀？
它们当然是鱼啦！
可是，当身体两侧的鳍被伸展开来的时候，
鬼蝠鲼（hóng）看起来真的就像长着翅膀一样！
当它们跃出水面，还可以在空中停留几秒呢。
可它们为什么要这么做呢？
是为了产仔，还是为了清除寄生虫，又或是在求偶？
对我们来说，这仍然是个秘密！

鬼蝠鲼又被称作魔鬼鱼！
这又是为什么呢？
因为它们头上的一对鳍可以卷起来，就好像长了角似的！
不过，这个绰号对它们来说可不太公平。
这种巨大的软骨鱼其实很温柔：
它们既没有毒刺，上颚也没有牙，
只有下颚长有非常细小的牙齿！
可就连这些牙齿也不是用来进食的。
它们会张大嘴巴，把海水过滤掉，
剩下的磷虾、螃蟹等浮游动物就是它们的食物啦！

凤头䴙䴘（pì tī）
great crested grebe

和你一样

要想繁衍下一代，首先得相互吸引！

你看，这些水鸟的舞蹈多么迷人呀！
雄鸟和雌鸟面对面，交换一些羽毛，再一同戏水，
它们还会相互模仿呢！
她把脖子向前伸，他会跟着这样做！
他把头转向右边，她也做得一模一样！
序曲过后，这对情侣踏着舞步，
拨动脚蹼，在水面滑行。
凤头䴙䴘可真是杂技高手，
就连这样的滑行也无须扇动翅膀。

池塘、沼泽、湖泊、水库，还有入海口，
到处都能看到它们的身影！

奇异的奇异鸟

它们没有尾巴，翅膀也小到几乎看不见，
它们的羽毛看起来就像头发一样；
它们的嘴又长又尖，双腿又短又有力，
它们还长着锐利的爪子；
它们的模样好笑，还不会飞……
这到底是什么鸟呢？
它们就是生活在新西兰的鹬鸵（yù tuó），也就是奇异鸟啦！

它们喜欢在夜间活动，还是食肉动物，
黄昏一到，它们就从洞穴里出来，
用它们那长长的喙在土壤里寻觅，
蠕虫、蜗牛、昆虫，还有两栖动物都是它们最爱的美味。

雌鸟每年只会产下1~2枚蛋，
和自己的体形相比，这些蛋可真是太大了。
那谁来孵蛋呢？
当然是鸟爸爸！

奇异鸟的寿命可以达到30~35年，
它们对配偶非常忠诚，一生都会与伴侣相亲相爱。

奇异鸟
kiwi

抱团取暖过寒冬

企鹅的翅膀短小，是一种不会飞的鸟！
身上裹着厚厚的羽毛，企鹅可一点儿也不怕冷，
它们可以在浮冰上行走，或是潜入冰冷的水中，
是时候大显身手啦！
扑通！扑通！扑通！
小鱼们，要小心喽！

嗬！在南极的冰天雪地里想找到一只独处的企鹅？
根本不可能！
独居的企鹅可无法存活，群居才是生存之道！

暴风雪降临了……
快快快！
企鹅们迅速地相互靠拢，
集结成一个密集的群体。
就像是古罗马士兵的"龟甲阵"一样，
结结实实，密不透风。
寒风钻不进去，中间的企鹅也就不会被冻着了。

那站在外圈的企鹅呢？
它们也不会站太久，整个企鹅群一直在移动，
它们非常缓慢地调整位置，交替地站到里面去，
每只企鹅都能享受到集体的温暖。

企鹅
penguin

极地里的温柔

地球的最南端是南极大陆，那最北端呢？
当然是北冰洋！

那是另一个冰天雪地的世界，
在那里，一些白白的"小毛球"正在妈妈身边吃奶呢。
这些"小毛球"就是竖琴海豹宝宝啦。

只需要一个冰洞，海豹妈妈就可以潜入水里捕鱼吃。
当重返冰面的时候，
海豹妈妈怎么才能从这么多"小毛球"里找到自己的宝宝呢？
当然是靠每个宝宝独特的气味啦！

竖琴海豹宝宝
whitecoat

竖琴海豹
harp seal

刚出生20天，海豹宝宝就断奶了，
白白的绒毛褪去，换上有黑色斑点的皮毛，
这时，海豹宝宝就开始潜水了。
别看它们小小年纪，却是天生的游泳健将！

几年以后，
它们的毛会渐渐变成银灰色，
背上也会长出长条状的黑色斑纹！

熊不可貌相！

谁可以称得上是北极的主人？
那一定是北极熊！

一双小耳朵和一个毛球一样的尾巴，
还有厚厚的脂肪和浓密的毛发，
脚掌上的毛可以增大摩擦，利于在冰面上行走……
北极熊太适合在严寒的地方生存啦！

白茫茫的冰面上，北极熊和四周融为一体，
它们悄无声息地接近猎物：海豹、海象、白鲸或是鱼……

它们是陆地上最大的肉食性动物！
不过，它们走来走去，却不会把冰面踩碎。
诀窍是什么呢？
原来，它们的体重都分散到四个大大的爪子上啦！

北极熊真的是白色的吗？
唔……不完全是！
拨开毛发，可以看到它们的皮肤其实是黑色的，这有助于吸收热量。
还有，就连它们的毛发也不完全是白色的。
实际上，北极熊的毛发无色透明，还是中空的！
经过光的折射，北极熊看起来就像是一身白毛啦！

北极熊
polar bear

大熊猫
giant panda

没有竹子，就没有大熊猫

大熊猫也是一种熊，不过它们可不怎么爱吃肉！
它们生活在中国茂密的竹林里。

咔嚓——咔嚓——咔嚓——
每天，大熊猫要花10个小时来吃东西！
那不吃东西的时候，它们在干什么呢？

喝水！
它们喝呀，喝呀，喝呀……
吃饱喝足，也走不动了，
它们的肚子已经被撑得圆鼓鼓的啦！

大熊猫一天到晚吃吃喝喝，
它们是怎么繁衍后代的呢？
那可就复杂多啦！
作为一种独居动物，它们得先找到一位伴侣。
不过，雌性大熊猫每年适于繁殖的时间只有短短3天！
就算大熊猫妈妈可以生下两个幼崽，
她也只能照顾其中一个，
另一个就没办法存活下来了。

刚出生的大熊猫只比老鼠大一点，
眼睛还没睁开，身上也没有毛，
真是个脆弱的小宝宝。
大熊猫妈妈会把小宝宝衔在嘴里温暖它，精心地照顾它。
熊猫宝宝一岁半的时候才可以独自生活。

是谁在桉树上呢？

考拉很少喝水，它们从桉树叶中获取水分，
而桉树叶也是它们唯一的食物！
还有呀，不管是独自生活，
还是和其他考拉一起，它们都一直待在桉树上，
而且必须是长在澳大利亚的桉树，其他地方的可不行！

待在桉树上，考拉每天能睡上18个小时。
不过，它们可时刻保持着警惕呢！
嗯？什么声音？它们抬起头来看一看，
等到警报解除，再低下头接着睡。

想去另一棵树的话，直接跳过去就行啦！
贸然来到地面很危险，很可能会受到攻击。
要知道，那些澳洲犬就在附近徘徊呢！

考拉也叫树袋熊，和袋鼠一样，它们也是有袋类动物。
考拉宝宝刚出生的时候，差不多只有两厘米长，
有些宝宝的体重还不到1克。
刚出生的宝宝必须"再接再厉"，
尽快爬到妈妈的育儿袋里去，
在那里，它们可以安全地吃奶，慢慢长大。
6~7个月以后，考拉宝宝就可以从妈妈的育儿袋里出来了，
再过一段时间，它们就要离开妈妈，
去寻找新的地方居住啦！

考拉
koala

装备齐全的旅行家

骆驼在沙漠中前行，仿佛不会觉得累。
沙尘暴，炎热，缺水，少粮……
这些极端的环境都不会难倒它们：
它们全副武装，绝对挺得住！

耳朵里长满了浓密的毛发，
交织在一起的长睫毛像网一样保护着它们的眼睛，
还有可以关闭的鼻孔，能阻止沙尘进入肺里！
那，它们能在滚烫的沙子上走路和休息吗？

这也不是问题！
骆驼的脚掌上长着宽厚的肉垫，
这不仅可以隔热，也可以防止它们陷入沙中。
其他会接触地面的部位，比如胸部、肘部、膝盖，也都长有肉垫，
这样骆驼就可以舒服地睡觉啦！

据说骆驼可以一个月不吃东西，这是真的吗？
是真的，它们随身携带着水和食物呢！
放在哪里了呢？就在它们的驼峰里，那里储存着脂肪。
当它们需要的时候，这些脂肪可以转换成水。
另外，当骆驼遇到水源的时候，
在短短10分钟内，它们就可以喝下135升水！
同时，骆驼只有在体温很高的时候才会出汗，水分流失也很少。
驼峰里满满当当，足够它们走过一个又一个绿洲！

骆驼
camel

生活在美洲的大块头

在美洲，最大的哺乳动物是谁？
是美洲野牛！
它们的体重可以达到400千克甚至1吨！
这种看起来温和的反刍动物，
会成群结队的生活在平原和大草原上，
有雄野牛群，也有雌野牛群。
在美洲野牛的世界里，
雄性和雌性通常只有在繁殖的季节才会聚在一起。

出生3小时后，小美洲野牛就可以奔跑了，
不过美洲野牛妈妈还是会小心翼翼地守着它们：
得时刻提防着狼和美洲狮！
等到成年以后，美洲野牛就没那么害怕那些捕食者了，
它们的听觉和嗅觉非常发达，可以从很远的地方发现入侵者。
要是它们被激怒，准备进攻，那可要小心了！
不过，一般只有年老或是生了病的美洲野牛，才容易受到袭击。

很久很久以前，印第安人会捕杀美洲野牛来满足生活需要：
它们的肉可以吃，皮可以用来做衣服、被子和帐篷，
角还可以用来制造工具，
还有牛筋，可以做成绳索或者用来缝纫的线！
那时候，不计其数的美洲野牛生活在这片土地上，
可是后来，手拿猎枪的殖民者来到了美洲大陆，
砰！砰！砰！
疯狂的屠杀使得它们几乎灭绝！
幸好，幸存的美洲野牛被保护了起来。
如今，很多美洲野牛都生活在国家公园里。

美洲野牛
American bison

欧洲马鹿
red deer

我们和梅花鹿是亲戚

初秋时节，黄昏的森林里静悄悄的，
突然，一只欧洲马鹿大声吼叫了起来！
它正在呼唤雌鹿，同时也在警告其他雄鹿：
这是我的地盘，没有谁是我的对手，
如果你已经准备好被打败，那就来吧！

成群生活的雌鹿听到了召唤，
它们被雄鹿吸引，慢慢地靠近。
8个月后，小鹿宝宝出生了，
它们身上长着浅褐色的毛，还有白色的斑点……
看起来和梅花鹿差不多呢！
慢慢地，小鹿宝宝长大了，
雄鹿的头上会长出树杈一样的角，可真威风呀！

魔鬼鱼
giant oceanic manta ray

北极熊
polar bear

企鹅
penguin

绿猴
green monkey

长颈鹿
giraffe

小丑炮弹鱼
clown triggerfish

变色龙
chameleon

凤头䴙䴘
great crested grebe

欧洲马鹿
red deer

骆驼
camel